The Highlights of 70 Years of China's Science and Technology

1949—1959
1960—1969
1970—1979
1980—1989
1990—1999
2000—2009
2010—2019

足印 · 成就

——共和国科技 70 年

《足印 · 成就——共和国科技 70 年》编委会 编

浙江教育出版社·杭州

Editorial board 编委会

杰（研究员，中国科学院原党组副书记、中国科学技术大学原党委书记）

群（中国科学院院士，中国科学院数学与系统科学研究院研究员）

麒（中国科学院院士，中国科学院地质与地球物理研究所研究员）

安（科技日报社原社长，国际欧亚科学院中国科学中心副主席）

进（中国科学院科学传播局局长）

春（中国科学院自然科学史所所长）

青（中国科学院中国现代化研究中心研究员）

雷（中国科学院自然科学史所副研究员）

公（中国科学院自然科学史所助理研究员）

Foreword 前言

科技是国之利器，国家赖之以强，企业赖之以赢，人民生活赖之以好。全球科技发展进入空前活跃的时期，科学从来没有像今天这样深刻影响着国家前途命运和人民生活福祉。新中国科技的发展历程，是一部由广大科技工作者和全国各族人民共同创造的伟大历史巨著。这部巨著写华大地上，它既描绘出时代潮流的跌宕起伏，也记录下科技探索的动人篇章。

回顾新中国成立 70 年来的科技发展历史，讲述我国科技工作者勇攀世界科学高峰的一个个“中事”，追溯我国从科技大国迈向科技强国的一步步历史轨迹，展现我国科学发展的一幅幅壮美，不仅有助于传播科学思想、培育创新思维、树立科学精神，促进公众理解科学，而且还有助造良好的民族形象，激发民族自尊心和自信心，鼓舞全国人民同心协力，向更高的目标迈进！

为全面展示新中国成立 70 年来科技事业风雨兼程、砥砺奋进的发展道路，讴歌祖国的科技创新，党的科技政策，讴歌科技英雄，编委会组织编写了《足印 • 成就——共和国科技 70 年》。本取材、编排、构图、装帧等方面尝试采用创新的理念与方式，以时间为刻度，用图文结合的形式，式呈现我国 70 年来科技界的重大事件、重大成果、重大政策、重要人物。由于图书容量有限，不少内容未能收纳；由于编辑水平所限，文字、图片资料可能存在瑕疵。在此，一并恳请读者指正。

《足印 • 成就——共和国科技 70 年》编委会

2019 年 8 月

Contents 目录

1949—1959

1960—1969

1949

中国科学院最初院址设在北京育群胡同

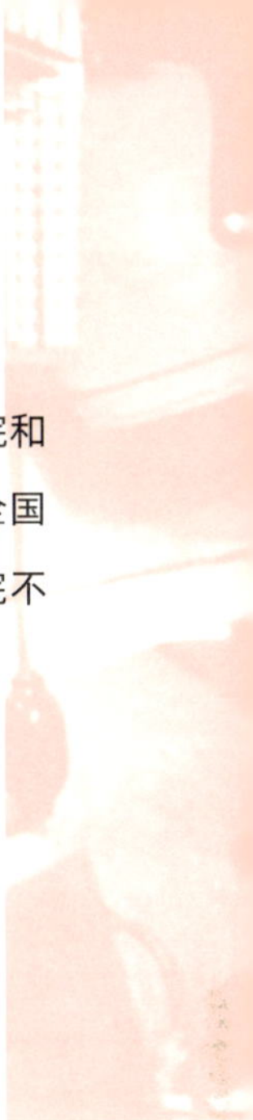

949 年春，中共中央决定组建国家科学院，郭沫若为首任院长。11 月 1 日，在原中央研究院和原北平研究院的基础上成立的中国科学院正式办公。它是国家最高级的科学研究机构，统管全国的科学研究工作，下辖若干研究所。1954 年 11 月，中国科学院不再作为国务院的组成机构，成为独立的学术研究和管理机构。

中国科学院院部旧址（北京文津街 3 号）

高能物理学家张文裕

1949

1949 年，张文裕发现带负电荷的慢 μ 介子，在与原子核作用时，会形成 μ 介子—原子，并产生电辐射。μ 介子—原子被命名为“张原子”，它的辐射线被命名为“张辐射”。这一发现对研究物质形态、性质和结构有重要价值。20 世纪 70 年代后期，介子物理学兴起。

20 世纪 50 年代，中国地质学家丰富和发展了“陆相生油”理论，打破了西方学者的中国贫油说。1959 年 5 月 29 日，苏联科学院主席团决定把卡尔平斯基金质奖章授予中国科学院副院长李四光，以表彰他在地质学研究上的成就。1959 年 9 月 26 日，在东北松辽盆地陆相沉积岩中发现工业性流油，时值中华人民共和国成立 10 周年，这块油田被命名为“大庆”。以王进喜为代表的中国石油人，在极其困难的条件下，艰苦奋斗，为大庆油田的开发和建设作出了重要贡献。

大庆油田钻井队在作业

20 世纪 50 年代，农学家丁颖

水稻栽培学提供了理论依据和

学方法，培育出

个优良品种，为

高水稻产量和品

作出了贡献。

丁颖（右二）在内蒙古自治区五原县考察稻田

1950 年，吴仲华创立叶轮机械三元流动理论，并建立叶轮内流体流动的数学模型。依据三元流动理论设计的叶轮装在水泵内，可显著提高水泵运行效率。

1950

吴仲华（右）在超声速叶栅风洞实验台安装现场

1950

中国科学技术协会第一届全国委员会合影

1950 年 8 月 18 日，中华全国第一次自然科学工作者代表会议在北京举行，会议决定成立“中华全国自然科学专门学会联合会”和“中华全国科学技术普及协会”，推举地质学家李四光、林学家梁希分别担任两个机构的主席。1958 年 9 月 18 日，经中共中央批准，以上两个机构合并，正式成立中国科学技术协会，李四光任中国科学技术协会主席。

①梁　希
②侯德榜
③竺可桢
④吴有训
⑤丁西林
⑥茅以升
⑦万　毅
⑧范长江
⑨丁　颖
⑩黄家驷

①	②	③	④	⑤
⑥	⑦	⑧	⑨	⑩

中国科学技术协会第一届全国委员会副主席

1950 年，中国开始有规模地培养高端专业
才。1950 年 9 月，中国首先和波兰、匈牙
等东欧五国达成了互换留学生的协议，随后
遣了 35 名留学生。1951 年，中国派出留
生 380 名，其中留学苏联学生 375 名，留
蒙古学生 5 名。此后，中国开始有规模地向
联和东欧国家派遣留学生。到 1959 年，中
已经向苏联和东欧国家派遣了不少于 1600
名留学生，其中向苏联派遣了 14000 多名
1951 年 6 月，教
部决定，在北京大学
中国人民大学等高
招收研究生 400 名
随后，中国科学院
开始招收研究生。

1957 年，部分留苏研究生在普希金城合影

1950 年，“东欧交换生中国语文专修班”成立，迎来了第一批东欧学生

时任东欧交换生中国语文专修班班主任周培源（中）

1950

正在查阅文献资料的黄昆

1951 年，黄昆创立极化激元理论。
提出光子与横向光学声子相互耦合
成新的元激发——极化激元。该理
后来为实验所证实，又称黄昆方程。

1951—1961 年，朱洗创建激素诱发两栖类体外排卵的实验体系，用以研究卵母细胞成熟、受精和人工单性生殖，提出两栖类“受精三元论”，并培育出世界上第一批“没有外祖父的癞蛤蟆”，即单性生殖的蟾蜍。

朱洗（右）在介绍饲养蓖麻蚕的经验

1951

1953 年，中国科学院和国家水利部、林业部、农业部、铁道部等部门组织了大批科技工作者，到各地进行生物、水利、土壤、地理等方面的野外调查研究和勘察工作，对中国的自然资源、自然条件进行了全面系统的调查，绘制了中国第一个国家大地图集和各种专门地图集，促进了资源研究和考察事业的发展，更为经济建设提供了重要的科学资料和依据。

1953

1954

中国科考队在柴达木盆地考察

1954 年 10 月 12 日，中国、苏联两国政府签订了《中苏科学技术合作协定》。该协定规定，两国政府在互相提供科技资料、互派技术专家、互相接受实习生与留学生以及进行技术援助等方面发展合作关系，约定有效期为五年。此后，两国又签订了一系列的技术合作协议书。苏联开始对中国实施全面的技术援助。1960 年 7 月 16 日，苏联政府照会中方，单方面决定召回苏联全部援华专家，并开始分批撤走援华专家。中国在苏联及东欧国家的留学生也分批回国。

1955 年，卫生部生物制品研究所汤非凡及其团队分离出沙眼衣原体并对其生物学性质进行了研究，无可争辩地结束了关于沙眼病原长达半个多世纪的争论。1982 年在巴黎召开的国际眼科学大学上，国际沙眼防治组织追授他金质奖章。

1955

1955 年，中国科学院学部成立

中国科学院院长郭沫若在中国科学院学部成立大会上讲话

1955 年 6 月 1 日，中国科学院学部成立大会在北京召开，宣布中国科学院物理数学化学部、生物地学部、技术科学部和哲学社会科学部正式成立。周恩来等出席会议并讲话，郭沫若院长致开幕词。6 月 3 日，国务院批准了首批 233 人的学部委员名单。

1955

1955年8月，国务院颁布《中国科学院科学奖金暂行条例》。1957年1月24日，1956年度国家自然科学奖（当时称作“中国科学院科学奖金”）第一次评选结果公布，共授予34个奖项，受奖人包括中国科学院、高等学校和产业部门的科学家。其中一等奖3项，二等奖5项，三等奖26项。华罗庚、吴文俊和钱学森分别因“典型域上的多元复变数函数论”“示性类及示嵌类的研究”“工程控制论”而获得国家自然科学一等奖。这是新中国首次颁发国家科学奖金，后国家科学奖励工作停顿，1982年恢复，由国家科委主持，改称“国家自然科学奖”。

数学家华罗庚

理学家钱学森

1955

数学家吴文俊

1956 年 1 月，中共中央关于知识分子问题的会议在北京召开。周恩来做了《关于知识分子问题的报告》，毛泽东发表讲话。这次会议向全国人民发出了“向科学进军”的号召，全国掀起了一个学科学、用科学的高潮。

《关于知识分子问题的报告》

956 年 1 月，中国政府组织 600 多位科学家和技术专家，着手编制《1956—
967 年科学技术发展远景规划》（简称“十二年科学规划”），12 月得到中共
央批准。该规划拟定了 57 项重大任务，奠定了中国的原子能、电子学、半导体、
动化、计算技术、航空和火箭技术等新兴科学技术基础，并促进了一系列新兴
业部门的诞生和发展。这是中国编制的第一个科学技术发展长远规划，较全面
反映了中国社会主义建设对科学技术的要求，指出了中国科学技术的发展方向。

1956

1956 年，参加全国“十二年科学规划”的全体工作人员合影

1956 年 3 月，国务院批准成立科学规划委员会，陈毅任主任。该机构负责领导“十二年科学规划”的编制工作。1957 年，科学规划委员会组成 34 个专业小组，并拟定专业小组简则。1958 年 11 月，国家技术委员会和国务院科学规划委员会合并，成立国家科学技术委员会，聂荣臻兼任主任。之后，各省（自治区、直辖市）、市、县陆续成立了各级科委。

1956

1956 年 11 月，王守武等研制的中国第一根锗合金晶体三极管在中国科学院应用物理研究所半导体研究室诞生。

中国第一根锗单晶

中國科學院
半導體研究所
INSTITUTE OF SEMICONDUCTORS
CHINESE ACADEMY OF SCIENCES

武汉长江大桥被誉为“万里长江第一桥”

1957

1957 年 10 月 15 日，武汉长江大桥建成通车。这是我国在长江上修建的第一座铁路、公路两用桥梁。

中国建成的第一座原子反应堆

1958

1958 年 6 月，中国第一座原子反应堆正式建成并投入运行。6 月 30 日，中国第一台回旋加速器建成。回旋加速器是用人工方法把带电粒子加速到较高能量的装置，可用于原子核实验、放射性医学、反射性化学、放射性同位素的制造、非破坏性探伤等领域。

中国建成的第一台回旋加速器

1958 年，“北京二号”火箭发射现场

1958 年 9 月，北京航空学院成功发射中国第一枚高空探测火箭“北京二号”。1960 年 2 月，中国第一枚液体火箭发射成功。

1959 年 3 月，物理学家王淦昌领导的研究小组在苏联杜布纳联合核子研究所发现反西格玛负超子，该粒子是带奇异数的荷电重子的反粒子。《自然》杂志指出：“实验中发现反西格玛负超子是在微观世界的图像上消灭了一个空白点。”

1959

王淦昌（右）在苏联杜布纳联合核子研究所

1949—1959

1960—1969

师昌绪（左二）团队研制的高温合金涡轮叶片

20 世纪 60 年代，师昌绪等研制出中国第一个铁基高温合金 GH135（808），代替当时的镍基高温合金作为航空发动机的涡轮盘材料。2010 年，师昌绪获国家最高科学技术奖。

1961

1961 年 7 月 19 日，《关于自然科学研究机构当前工作的十四条意见（草案）》获中共中央批准，简称《科研十四条》，主要内容包括保持科研工作的相对稳定，贯彻执行“百花齐放、百家争鸣”的方针等，强调研究机构的根本任务是“提供科学成果、培养科研人才”，保证科学研究工作的时间。《科研十四条》调动了科学技术工作者的积极性，对改进科研机构的工作秩序、提高科研水平起到促进作用。

1961 年 9 月，王之江等研制的中国第一台红宝石激光器在中国科学院长春光学精密机械研究所诞生。它为中国的激光技术开辟了一个新领域。从此，激光技术越来越多地应用于国防和工农业生产中。

1961

中国第一台红宝石激光器

1962 年，邹承鲁建立了“蛋白质功能基团的修饰与其生物活性之间的定量关系”公式，被称为“邹氏公式”，被国际同行广泛采用。邹承鲁创建的确定必需基团数的作图方法被称为“邹氏作图法”。

1962

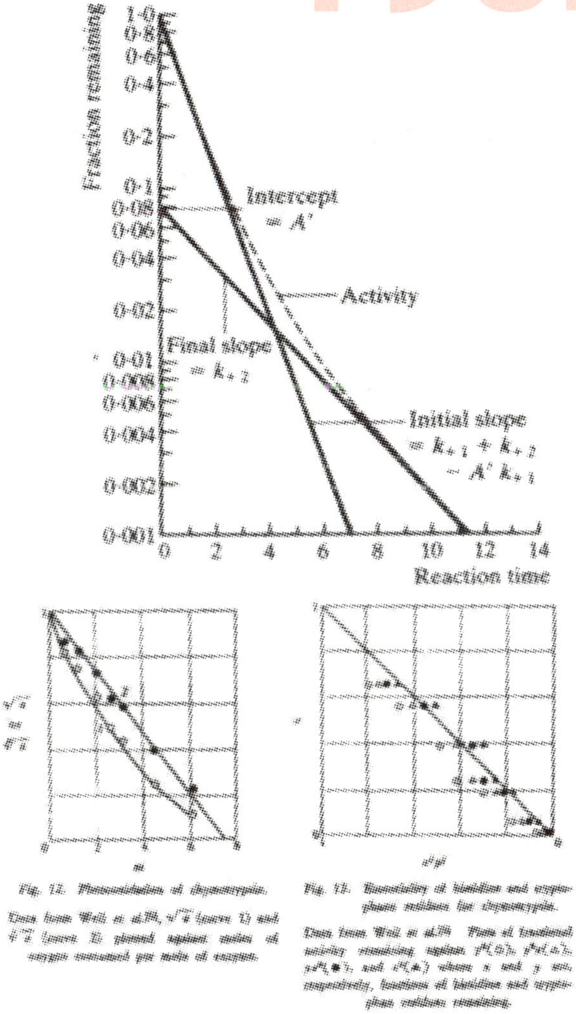

邹承鲁建立了“蛋白质功能基团的修饰与其生物活性之间的定量关系”公式

上 海
江南造船厰
1961年

中国首台万吨水压机

1962 年 6 月 22 日，在总设计师沈鸿的带领下，上海江南造船厂制造的中国首台万吨水压机投入使用。它总重 2213 吨，总高 23.65 米，总长 33.6 米，最宽处 8.58 米，全机由 44700 多个零件组成。该水压机能够锻造 250 吨重的钢锭，是重型机械制造业的关键设备。

1962

1962

1962 年 11 月 17 日，第二机械工业部（即核工业部）的“两年规划”获得批准。为加强领导、组织实施我国的国防尖端技术事业，中央决定成立一个 15 人专门委员会，由周恩来任主任。中央专门委员会的成立有力地促进了尖端国防技术的发展。在科技人员和国防建设指战员的共同努力下，核试验取得成功。1964 年 10 月 16 日，中国制造的第一颗原子弹在新疆罗布泊成功爆炸，我国成为继美国、苏联、英国、法国之后，世界上第五个拥有核武器的国家。

中国第一颗原子弹爆炸后升起的蘑菇状烟云

1963 年 10 月 23 日，国务院发布《发明奖励条例》《技术改进奖励条例》。

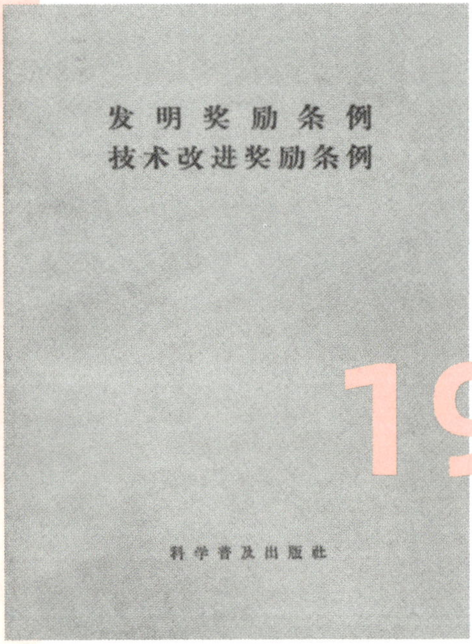

《发明奖励条例》《技术改进奖励条例》

1963

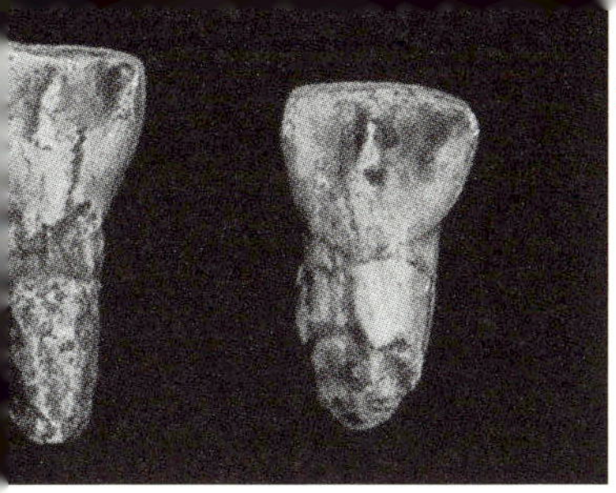

元谋人牙齿化石

1965

1965 年 5 月 1 日，中国考古学家在云南省元谋县发现猿人门齿化石，经鉴定为距今 170 万年前的猿人，称为“元谋人”，这是中国最早的猿人。

元谋人遗址

1965 年 9 月，中国首次人工合成结晶牛胰岛素。1958 年 8 月，中国科学院上海生物化学研究所、中国科学院上海有机化学研究所和北京大学化学系三家单位联合，组成协作组，在前人对胰岛素结构和肽链合成方法研究的基础上，开始探索用化学方法合成胰岛素。1965 年 9 月 17 日，30 多位科学家经过 6 年多的艰苦工作，在实验室中用人工方法成功地合成了结晶牛胰岛素。经过严格鉴定，它的结构、生物活力、物理化学性质、结晶形状都和天然的牛胰岛素完全一样。人工合成胰岛素的工作使中国在合成多肽方面达到国际先进水平。这项成果获得 1982 年国家自然科学奖一等奖。

人工合成结晶牛胰岛素

1965

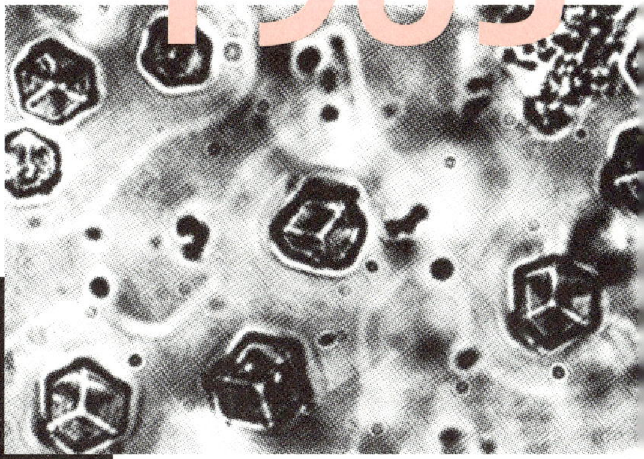

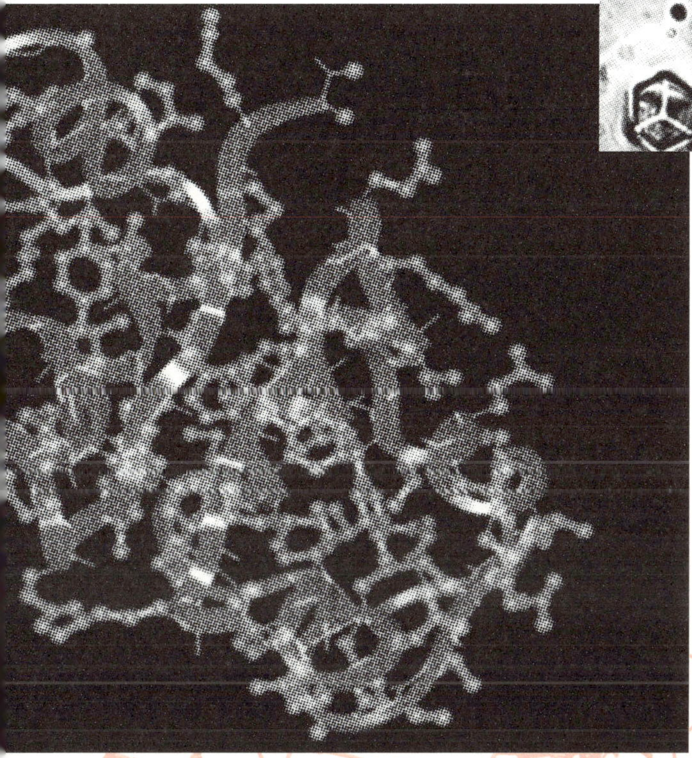

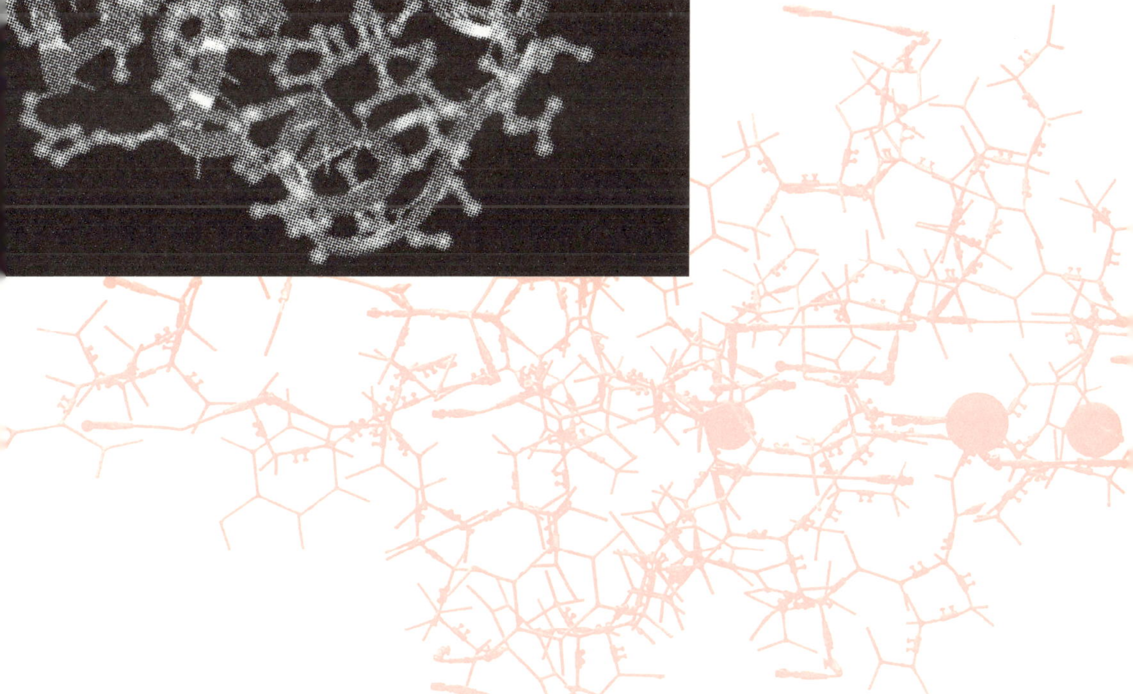

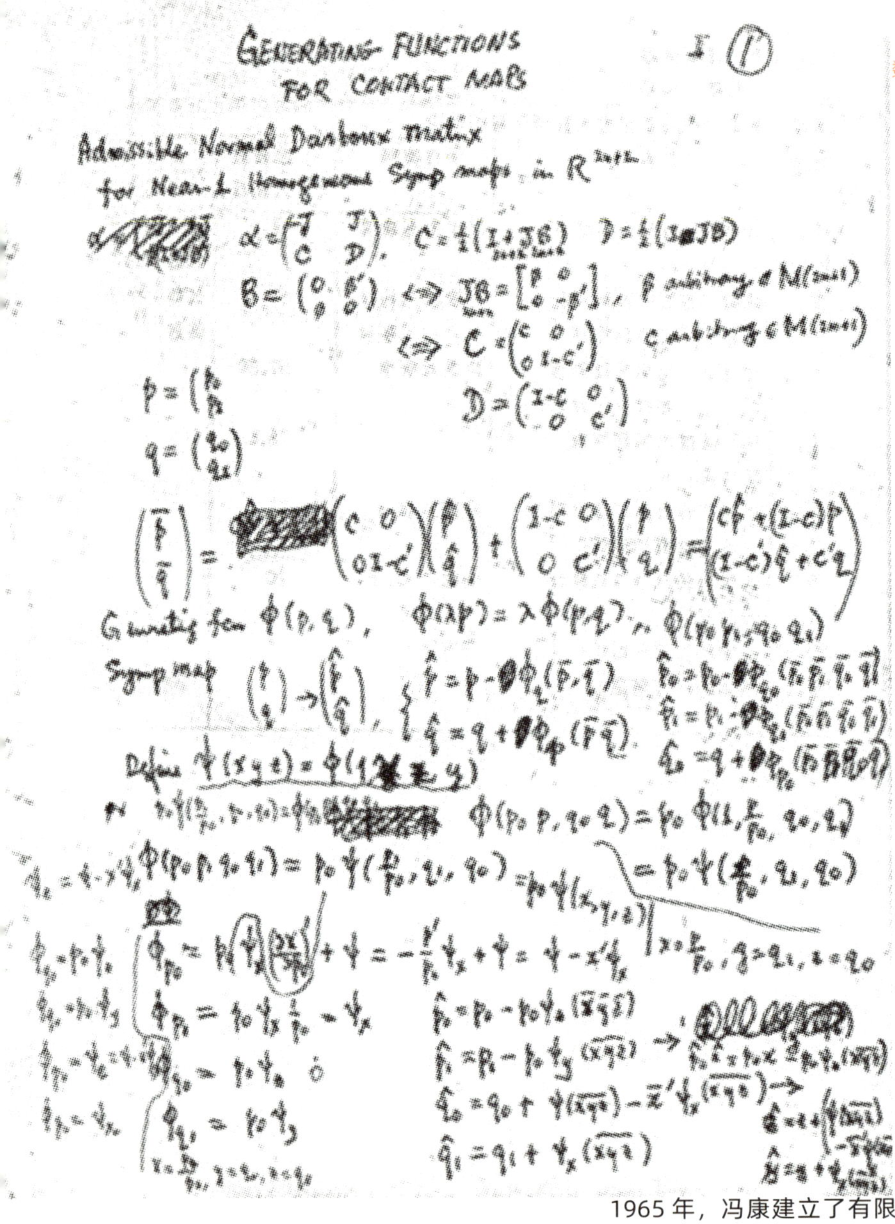

1965

1965 年，冯康建立了有限元方法严格的数学理基础，为其实际应用提供了可靠的理论保证。该法的创立是计算数学发展的一个重要里程碑。

1966

966 年 1 月 25 日，中国科学院卫星设计院（651 设计院）成立，赵九任院长。1964 年 12 月，赵九章写信给周恩来，建议将发射卫星正式入国家计划，随后该建议经研究被批准立项。赵九章担任院长后，除开展第一颗卫星的研制工作外，还提出了我国卫星型号发展的问题，重点与排序为：测地、通信、气象、载人飞船、导航。

1967

屠呦呦与老师楼之岑教授一起研究中

1967 年 5 月 23 日，抗疟疾药物研发的“523 任务”启动。全国
多家单位、500 多名科研人员组成了抗疟新药研发大军。1969 年，
国中医研究院中药所研究人员加入“523 任务”的中医中药专业组
屠呦呦担任组长。1971 年，屠呦呦采用乙醚提取出青蒿抗疟有效粗提
抑制率达到 99%—100%，并在 1972 年的南京会议上报告了这一成

中国第一颗氢弹爆炸成功

1967 年 6 月 17 日，由飞机空投的 330 万吨当量的氢弹试验获得成功，中国成为继苏联、美国、英国之后第四个拥有氢弹的国家。在中国氢弹原理到构形突破中，于敏解决了一系列基础问题，对氢弹研制起了关键作用。

物理学家于敏

1967

中国科学院计算技术研究所研制的大型通用晶体管计算机（109 丙）

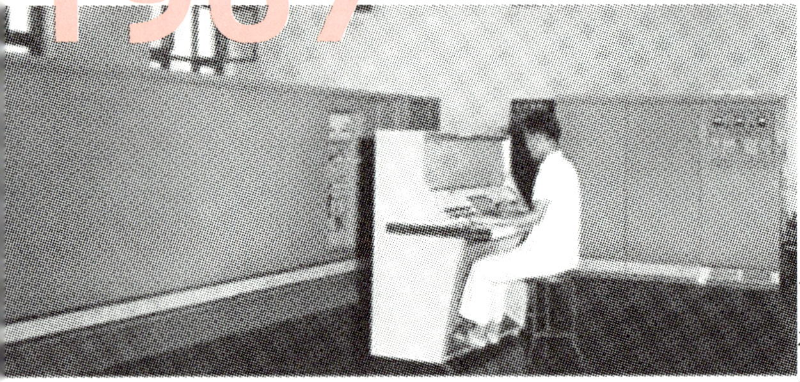

1967 年 9 月，中国科学院计算
术研究所研制的大型通用晶体
计算机（109 丙）通过鉴定。该
平均运算速度为每秒 11.5 万次
为我国“ 两弹一星”的研制提
了条件，被誉为“功勋计算机”

1949—1959
1960—1969
1970—1979
1980—1989

1970 年 4 月 24 日，中国第一颗人造卫星“东方红一号”发射成功。“东方红一号”卫星是一个直径 1 米的球形 72 面体，重约 173 千克。“东方红一号”的成功发射，使中国成为第五个发射人造卫星的国家。

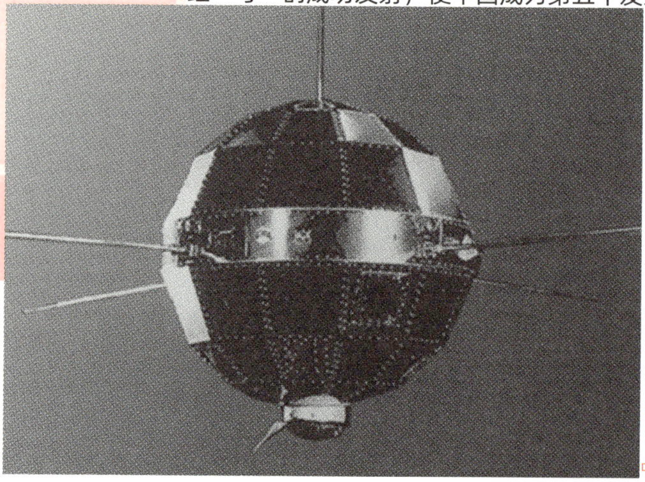

中国第一颗人造卫星“东方红一号”

1970 年 7 月 1 日，成都到昆明的成昆铁路正式通车。成昆铁路建设是一项难度极大的工程，沿线地形险峻、地质复杂、谷深坡陡，被外国专家称作“铁路禁区”，长期被认为是不可能修筑铁路的地方。这条铁路的建设对于改善西南地区的交通状况，促进西南地区，特别是少数民族地区的经济社会发展和各民族团结有着极其重大的意义。1985 年，成昆铁路建设成果获得国家科学技术进步奖特等奖。

1970

成昆铁路建设

中国建造的第一艘核潜艇安全下水

1970年12月26日，中国建造的第一艘核潜艇安全下水。1974年8月1日，中央军委发布命令，将这艘核潜艇命名为“长征一号”（舷号401），正式编入海军装备序列。1985年，第一艘核潜艇的研究和设计获得国家科学技术进步奖特等奖。

1970

中国第一艘核潜艇的主持设计者黄旭华

1971年7月19日，诺贝尔奖获得者杨振宁回国访问此行他会见了许多中国科学家，并受到了周恩来的接和宴请。随后的1972年、1973年，杨振宁再度回国问，受到毛泽东的接见。杨振宁是美籍知名科学家访新中国的第一人，他的率先回国访问，为中美关系的破冰海外华人科学家消除疑虑，作出了历史性的贡献。

1971

青年时期的杨振宁

数学家陈景润

973 年，陈景润在《中国科学》上发表了“1+2”的详细证明，并改进了
966 年宣布的数值结果，立即在国际数学界引起了轰动。这项成就被公认
是对哥德巴赫猜想研究的重大贡献，使筛法理论达到了新的高度。1982
，因为在对哥德巴赫猜想研究中的突出贡献，陈景润与王元、潘承洞一
获得国家自然科学奖一等奖。

1973

1974年，袁隆平育成了中国第一个强优势杂交组合“南优2号”水稻。袁隆平自1964年开始了水稻杂交优势利用的研究，他于1970年在海南发现花粉败育的野生稻植株，1972年率先育成中国第一个水稻雄性不育系，1973年籼型杂交水稻实现了“三系”配套成功。因杂交水稻研究的突出贡献，袁隆平于2000年获得了国家最高科学技术奖。

1974

1975

1975 年 7 月，胡耀邦贯彻邓小平的指示整顿中国科学院。胡耀邦向党中央、国务院提出汇报提纲《关于科技工作的几个问题》，后改为《科学院工作汇报提纲》。其中提出了“科学技术是生产力”“绝大多数科技人员是好的和比较好的”等内容；还讨论了“理论与实际”“基础与应用”“自力更生与学习国外长处”等关系问题。

“杂交水稻之父”袁隆平

钱伟长教授在研究生开学典礼上与研究生交谈

1976

1976 年 7 月 5 日，中国首次远洋科学考察成功。中国万吨远洋科学调查船“向阳红 5 号”和“向阳红 11 号”组成我国第一次远洋调查船队，在广阔的太平洋海域，获得了大量的一手资料后胜利返航。

“向阳红 5 号”科学调查船

1977

977 年 9 月，国家决定恢复研究生学位制度，并于 1978 年
月 10 日开始了恢复后首次招生。1983 年 5 月 27 日，国务
学位委员会在人民大会堂为新中国
养的第一批 18 位博士颁发学位。

中国科学院恢复研究生招生后，首届研究生毕业典礼

1978

1978 年 3 月 18 日至 31 日，全国科学大会召开。邓小平在这次大会上指出“科学技术是生产力”“科技工作者是工人阶级的一部分”。郭沫若做了题为“科学的春天”的报告。全国科学大会的召开，使科学技术的重要作用得到公认，我国的科学事业迎来了春天。

1978 年，全国科学大会在北京召开

1979

1979 年 1 月 15 日，中央批复同意中国科学院学部恢复活动。1980 年 10 月 26 日，中国科学院增补 283 位学部委员。此前，中国科学院于 1955 年和 1957 年分两批选聘了 190 位自然科学方面的学部委员。经过增补，中国科学院学部委员总数达到 400 人。

计算机应用专家王选

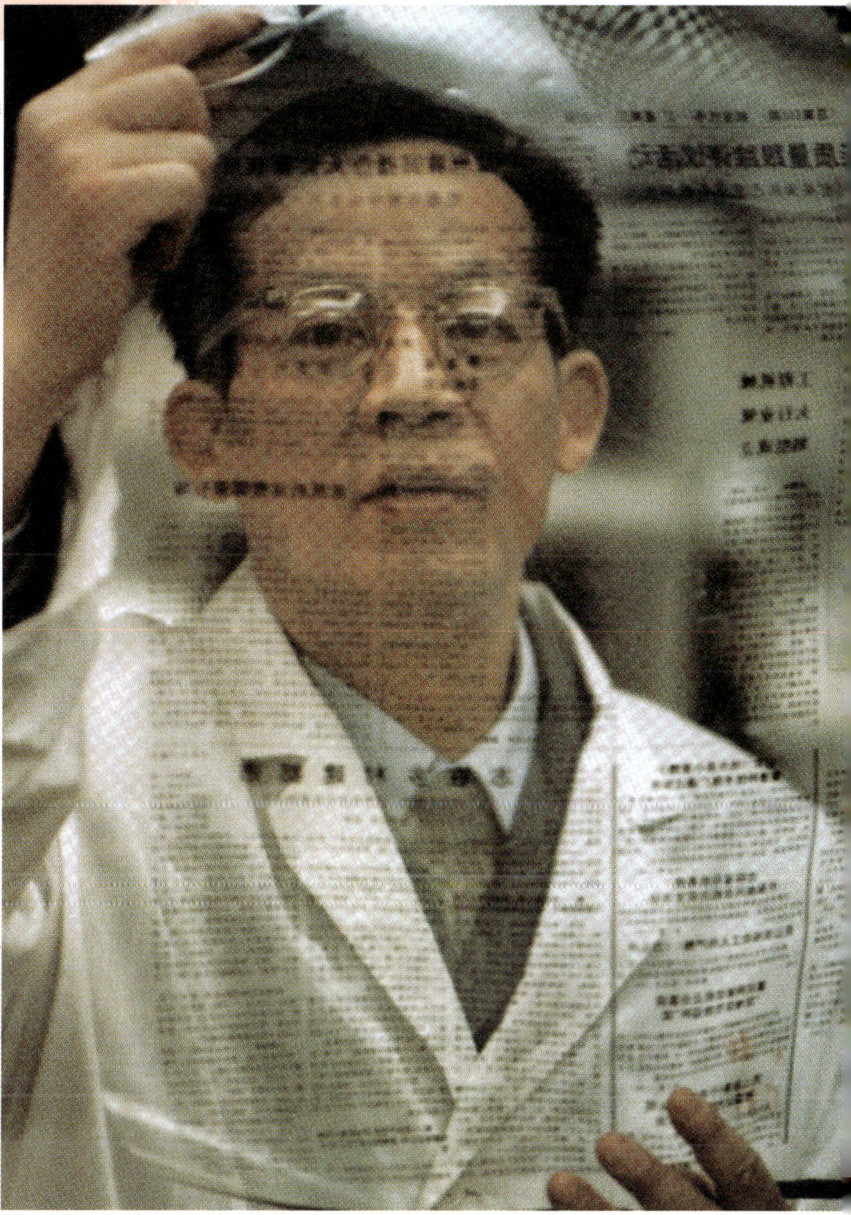

979 年 7 月 27 日，王选主
研制成功汉字精密系统的
体工程。1980 年 9 月 15
，第一本由汉字激光照排
统印刷的书诞生。1987 年
月 22 日，《经济日报》出
了第一张整版激光印刷的
文报纸。2001 年，王选获
国家最高科学技术奖。

1979

1979 年 11 月 21 日，《中华人民共和国自然科学奖励条例》发布。1984 年 3 月 12 日，第六届全国人民代表大会常务委员会第四次会议通过《中华人民共和国专利法》。1984 年 9 月 12 日，《中华人民共和国科学技术进步奖励条例》颁布。1985 年 5 月 15 日，全国科学技术奖励大会在北京举行，大会奖励了荣获首次国家级科技进步奖的 1761 个项目。

1949–1959

1960–1969

1970–1979

1980–1989

1990–1999

1980年5月18日，中国向南太平洋预定海域发射远程运载火箭获得成功，这是中国第一次由本土向公海发射火箭。这枚运载火箭射程距我国东海约6000千米，全程飞行约半小时。

1980

运载火箭点火起飞

1981 年 4 月 16 日，中共中央、国务院转批了国家科委《关于我国科学技术发展方针的汇报提纲》，指出科学技术要走在生产建设前面，要坚定不移地贯彻执行科技工作为经济建设服务的方针，使科学技术在国民经济中真正发挥作用。

研究酵母丙氨酸转移的王德宝（中）及其团队

1981

1981 年 11 月 20 日，我国第一次用人工方法合成酵母丙氨酸转移核糖核酸，这是世界上首次用人工方法合成具有与天然生物分子相同化学结构和完整生物活性的核糖核酸。

1983

1983 年 11 月 14 日，我国研制成功“757”工程千万次计算机。该机是为了解决我国现代化建设和科学研究中提出的大型科学、工程计算问题而自行研究设计和试制的大型向量计算机。同年 12 月，中国第一台每秒向量运算一亿次的“银河—Ⅰ”巨型计算机在国防科技大学研制成功，使中国跨入了世界研制巨型电子计算机国家的行列。

“银河—Ⅰ”巨型计算机

1984 年 5 月 21 日，李政道向邓小平同志建议，在中国实行博士后制度。同年 11 月，我国试行博士后制度的帷幕正式拉开。1985 年，国务院下发文件，设立博士后流动站，实施博士后制度。

青年时期的李政道

国务院批准试行博士后科研流动站

1984

1984 年 7 月，云南澄江发掘出动物化石纳罗虫。经研究发现，澄江生物群门类种属极为丰富，几乎涵盖了所有现代动物门类，以丰富的生物学信息为“寒武纪大爆发”研究提供了直接证据。2003 年，陈均远、侯先光、舒德干共同领衔的“澄江动物群与寒武纪大爆发”项目因在早期生命演化研究中取得重大突破，荣获国家自然科学奖一等奖。

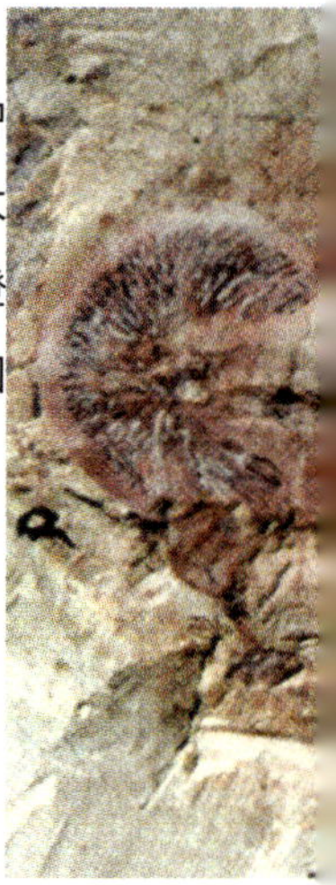

1984

澄江动物化石群的发现

1984 年 11 月 20 日，我国首个南极科学考察队向南极进发。考察队于 1985 年 2 月 20 日建成我国第一个南极考察站——长城站。之后，又建立了中山站（1989 年）、昆仑站（2009 年）、泰山站（2014 年）三个考察站，并计划于 2022 年建成中国第五个南极科考站——罗斯海新站。此外，2004 年 7 月 28 日，中国第一个北极科学考察站——黄河站在北纬 78 度 55 分的挪威斯匹次卑尔根群岛的新奥尔松正式落成并投入运行。

1984

《中共中央关于科学技术体制改革的决定》发布

1985

中共中央关于科学技术体制改革的决定

1985年3月13日,《中共中央关于科学技术体制改革的决定》发布。决定指出：在运行机制方面要改革拨款制度，开拓市场技术；在组织结构方面要大力加强企业的技术吸收与开发能力和技术成果转化为生产能力的中间环节，促进研究机构、设计机构、高等学校与企业之间的协作和联合。

1986 年 2 月 14 日，国务院正式批准成立国家自然科学基金委员会。1981 年 5 月 15 日，由谢希德发起、89 位学部委员联名向中央提出，建议国家拨出专款设立科学基金，以帮助和支持全国各方面的基础研究以及应用研究中的基础性工作，提高我国的科学水平。

物理学家谢希德

1986

1986 年 3 月，王大珩、王淦昌、杨嘉墀、陈芳允向邓小平呈送《关于跟踪研究外国战略高技术的建议书》。国务院随即制定了《高技术研究发展计划纲要》，即“863 计划”。“863 计划”是应对世界新技术革命和国际高技术竞争，加快我国高技术及其产业发展的一项具有深远历史意义的重大战略决策。

“863 计划” | 周年会议与会专家

中国遥感卫星地面站落成典礼

1986

1986 年 12 月，中国第一座遥感卫星地面站建成，其任务是跟踪资源卫星，接收信息并进行处理，使之转化为数据和图像。中国遥感卫星地面站的建立，填补了我国在卫星遥感技术这一领域的空白，开创了我国遥感技术和遥感应用的新时代。

20 世纪 90 年代的遥感卫星地面站

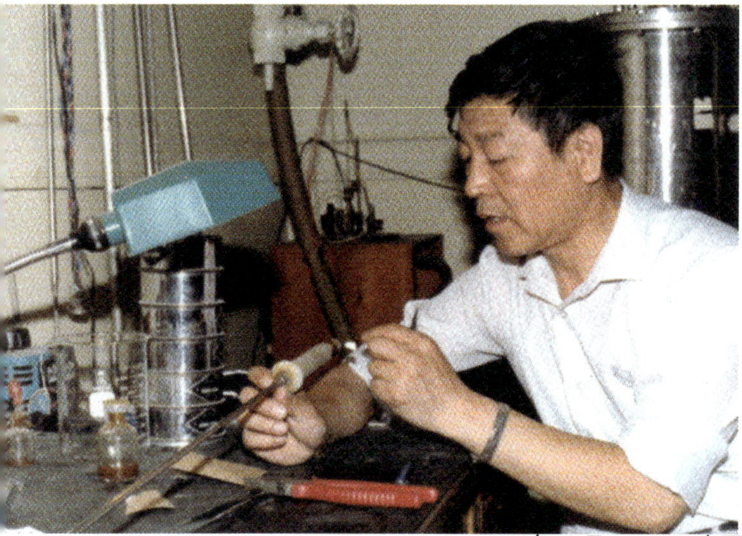

赵忠贤在实验室工作

1987年2月24日，中国科学院物理所宣布获得100K以上的高温超导材料。该研究的主要负责人赵忠贤获2016年度国家最高科学技术奖。

1987

“神光Ⅰ”高功率激光装置

1987 年 6 月 27 日，我国建成“神光 I”高功率激光装置。王淦昌曾于 1980 年提出建造脉冲功率为 1012 瓦的固体激光装置的建议。1986 年夏，邓锡铭任主要负责人，组织建设该装置。后该装置正式命名为“神光 I”。“神光 I”先后进行了直接驱动和间接驱动的热核聚变实验，标志着我国在该领域进入世界先进行列。

1988 年 9 月 7 日，我国在太原卫星发射中心用“长征四号”运载火箭成功发射“风云一号”试验性气象卫星。这是我国自行研制和发射的第一颗极地轨道气象卫星，填补了我国应用气象卫星的空白，标志着我国航天和气象卫星技术跨入世界先进行列。1997 年 6 月 10 日，我国在西昌卫星发射中心用“长征三号”运载火箭成功将“风云二号”气象卫星送入预定轨道。这是我国首颗静止轨道气象卫星。2008 年 5 月 27 日，我国在太原卫星发射中心用“长征四号”运载火箭成功将“风云三号”气象卫星送入预定轨道。这是我国首颗第二代极地轨道气象卫星。2016 年 12 月 11 日，我国在西昌卫星发射中心用“长征三号”运载火箭成功发射“风云四号”气象卫星。这是我国首颗第二代静止轨道气象卫星。40 多年来，我国在“风云”系列气象卫星研究上，坚持自主创新，努力实现核心技术和器件的自主可控，技术上已经达到国外同类卫星的先进水平。截至 2019 年 6 月，我国已成功发射 17 颗“风云”气象卫星，其中 8 颗在轨稳定运行，是世界上 3 个同时拥有极轨和静止轨道气象卫星的国家（组织）之一。

“风云一号”气象卫星与“长征四号”装配现场

科研人员在“风云四号”气象卫星发射场进行联合演练

1988

1988

北京谱仪

1988 年 10 月 16 日，北京正负电子对撞机对撞成功。北京正负电子对撞机的建成，使我国高能加速技术跨越了数十年，取得了 τ 轻子质量的精确测量、20 亿—50 亿电子伏特能区正负电子对撞强子反应截面（R 值）的精确测量、发现“质子—反质子”质量阈值处新共振态，发现 X（1835）新粒子等一批在国际高能物理界有影响的重要研究成果。2008 年，北京正负电子对撞机重大改造工程建设任务圆满完成，主要负责人谢家麟获 2011 年国家最高科学技术奖。

加速器物理学家谢家麟

国家重大科学工程上海光源

1989

1989 年 4 月 26 日，中国科学技大学合肥同步辐射实验室的同步射光源成功地储存了电子束流，成了同步辐射光。这是继北京正电子对撞机之后，我国高科技领域又一重大成就。合肥同步射加速器及光束线实验站项目获 1995 年国家科学技术进步奖等奖。目前，合肥光源已经完成升级改造，接近三代同步辐光源水平。2009 年 4 月 29 日，中国科学院上海同步辐射光竣工。上海光源由周长 432 米的储存环、3.5 吉电子伏特增强器150 兆电子伏特直线加速器、7 条首批光束线站及配套公用设等组成。它是一台高性能的中能第三代同步辐射光源，光源量位居世界第四位。它的建成，使我国光源亮度提高了 10000

1949—1959
1960—1969
1970—1979
1980—1989
1990—1999
2000—2009
2010—2019

1991

1991 年 12 月 15 日，位于浙江省海盐县秦山北麓的秦山核电站并网发电。它是我国第一座自行设计、建造的 30 万千瓦核电站，由此结束了我国大陆无核电的历史，填补了核能在我国能源结构中的空白，为核能服务于国民经济开辟了广阔前景。

秦山核电站

1992

1992 年 3 月 8 日，国务院颁布《国家中长期科学技术发展纲领》。该纲领的目的是阐明我国中长期自然科学技术发展的战略、方针、政策和发展重点，指导我国到 2000 年以至 2020 年科学技术与经济、社会的协调发展。

1992 年 9 月，中国科学院上海原子核所和中国科学院兰州近代物理所在世界上首次合成并鉴别了铂 –202、汞 –208 和铪 –185 三种新核素。这是中国科学家在新核素合成和研究领域“零的突破”。

1992年11月19日，国防科学技术大学计算机研究所研制成功“银河—II”10亿次巨型计算机，运算速度为每秒10亿次，达到国际20世纪80年代中后期主流巨型机的水平。1995年5月11日，中国科学院计算所研制成功“曙光1000”大规模并行计算机，运算速度超过每秒10亿次浮点运算，达到每秒15.8亿次（峰值速度每秒25亿次）。“曙光1000”的研制成功，使我国成为世界上少数几个能研制和生产大规模并行计算系统的国家之一。2004年6月29日，中国科学院计算所、曙光公司、上海超级计算中心三方共同研制成功“曙光4000A”。该计算机成为国内计算能力最强的商品化超级计算机，实现了对每秒10万亿次运算速度的技术和应用的双跨越。“曙光4000A”的推出，使我国成为继美国、日本之后第三个实现了10万亿次计算机研发、应用的国家。2009年10月29日，国防科学技术大学研制成功我国首台千万亿次计算机“天河一号”。这台计算机以每秒1206万亿次的峰值速度和每秒563.1万亿次的实测性能，使我国成为继美国之后第二个能够研制千万亿次超级计算机的国家。2016年6月20日，在德国法兰克福召开的国际超算大会公布的超级计算机榜单上，由我国国家并行计算机工程技术研究中心研制的“神威太湖之光”荣登榜首。它是全球第一台运行速度超过每秒10亿亿次的超级计算机，峰值性能高达每秒12.54亿亿次，持续性能达到每秒9.3亿亿次。“神威太湖之光”的成功，为我国未来E级超算（每秒百亿亿次）打下了坚实基础。“神威”巨型计算机系统的总设计师金怡濂获2002年国家最高科学技术奖。

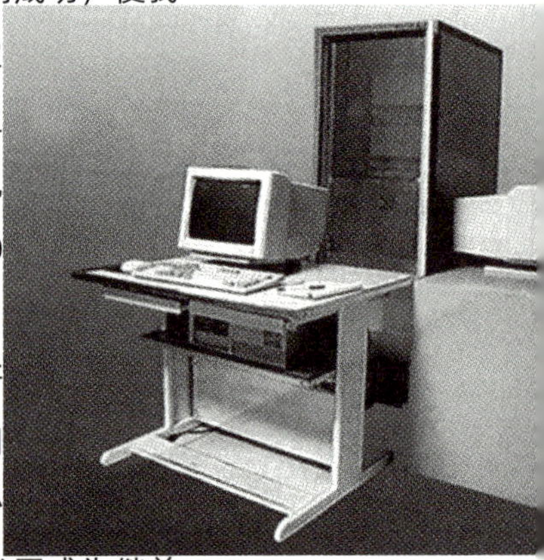

1992

曙光 1000”大规模并行计算机

“神威太湖之光”超级计算机

1993

1993 年 7 月 2 日，第八届全国人民代表大会常委员会第二次会议通过《中华人民共和国科学技进步法》，自当年 10 月 1 日起实施。该法旨在进科学技术进步，在社会主义现代化建设中优先展科学技术，发挥科学技术第一生产力的作用，动科学技术为经济建设服务。2007 年 12 月 29 日该法通过修订，自 2008 年 7 月 1 日起施行。

《中华人民共和国科学技术进步法》

《中国 21 世纪议程》

1994

1994 年 3 月 25 日，国务院第十六次常务会议讨论通过了《中国 21 世纪议程——中国 21 世纪人口、环境与发展白皮书》。该议程集中体现了我国实施可持续发展战略的基本观点和主要内容，对“九五”期间我国发展战略、指导思想和未来十五年发展方向的形成起到了重要的准备作用，成为我国实施可持续发展战略的纲领性文件。

1994 年 6 月 3 日至 8 日，中国工程院成立大会在北京举行，朱光亚
选为首任院长。 中国工程院是以中国工程技术专家为主体的独立的最
荣誉性、咨询性学术机构。中国工程院现设 9 个学部和 6 个专门委员会

1994

中国工程院成立大会

1994 年 11 月 10 日，中国科学院沈阳自动化研究所研制成功“探索者号”自治水下机器人，潜深达到 1000 米，甩掉了与母船之间联系的电缆，实现了从有缆向无缆的飞跃。1995 年 8 月，我国与俄罗斯科学院海洋技术研究所合作研制成功潜深 6000 米的 CR-01 自治水下机器人。CR-01 的研制成功，使我国成为世界上少数几个拥有潜深 6000 米自治水下机器人的国家之一。2015 年 8 月，由中国科学院沈阳自动化研究所联合中国科学院声学研究所、哈尔滨工程大学等单位共同研制成功具有全部知识产权的 6000 米级“潜龙一号”自治水下机器人。这标志着我国深海资源勘查装备已达到实用化水平，我国自治水下机器人技术及产品跨入了国际先进行列。2016 年 2—3 月，我国自主研发的 4500 米级自治水下机器人“潜龙二号”首次投入试验性应用，它主要服务于我国深海热液区硫化物的勘探。

替龙一号” 自治水下机器人

1995 年 5 月 6 日，中共中央、国务院发布了《关于加速科学技术进步的决定》，第一次明确提出实施“科教兴国”战略。“科教兴国”战略的提出和实施，是继 1956 年党中央号召“向科学进军”、1978 年全国科学大会召开之后，我国科技事业发展进程中的第三个重要里程碑事件，对我国经济、社会的发展产生了深远影响。

1995

1995 年 10 月 4 日，我国在流动沙漠中修筑的第一条等级公路——塔里木沙漠公路全线正式通车。这条全长 522 千米的沙漠公路北起轮台县，南至民丰县，贯穿塔克拉玛干大沙漠，其中沙漠段长 446 千米。该公路的建成开创了世界上在流动沙漠中修建长距离等级公路的先河。

500 米口径球面射电望远镜（FAST）

1996 年 12 月，北京天文台兴隆观测站的 2.16 米光学天文望远镜通过技术鉴定，这是我国自行设计研制、远东地区口径最大的光学望远镜，该项目获得 1998 年国家科学技术进步奖一等奖。2008 年 10 月 16 日，位于国家天文台兴隆观测基地的郭守敬望远镜（LAMOST）建成并投入观测。LAMOST 完全由我国自主创新设计和研制，在调试过程中具有单次观测可同时获得 3000 多条天体光谱的能力。LAMOST 已成为我国最大的光学望远镜、世界上最大口径的大视场望远镜，也是世界上光谱获取率最高的望远镜。它的研制成功使我国的大规模光谱观测处于世界领先地位。2012 年 10 月 28 日，上海佘山 65 米射电望远镜（天马望远镜）正式落成。它是我国第一台性能先进、功能齐全的全动大型射电望远镜系统，实现了我国建设世界级射电望远镜的目标，综合性能标在同类型望远镜中位列世界第三。2016 年 9 月 25 日，被誉为“中国天眼”500 米口径球面射电望远镜（FAST）在贵州平塘落成、启用。FAST 是我国具有主知识产权、世界最大单口径最灵敏的射电望远镜。它的落启用，标志着我国天文学和空探测研究迈上了一个新台阶。

郭守敬望远镜（LAMOST）

1996

1997年6月4日，国家科委制定和实施《国家重点基础研究发展规划》（简称“973 计划”）。“973 计划”的主要任务是：解决我国经济、社会和科技自身发展中的重大关键科学问题，力争在重大科学前沿取得突破，攀登科学高峰，培养和锻炼一支优秀的基础研究队伍，形成一批高水平的研究基地，提升我国基础研究的原创性创新能力。

1997年7月下旬至10月下旬，中国科学院兰州冰川冻土所组的中美希夏邦马峰冰芯科学考察队，在海拔7000米处的达索普川上钻取总长480米、重5吨的冰芯样品，安全运回兰州。这目前世界上海拔最高的冰芯样品，可为揭示青藏高原过去2万的环境变化过程、逐年追踪过去2000年间的西南季风变化过程以及预测预报青藏高原未来环境与气候变化提供丰富资料。

1997

中国科考队在海拔 7000 米处钻取冰芯

1998

二滩水电站

1998 年 2 月 9 日，上海医学遗传所和复旦大学遗传所采用新的技术路线，培养出 5 头与人的凝血因子 IX 基因整合的转基因山羊，其中一头已进入泌乳期，乳汁中含有能治疗血友病的凝血因子 IX 活性蛋白。这种蛋白经过特殊的提炼，能够有效治疗血友病。这是我国首次获得具有生物医药产业价值的转基因动物。1999 年 2 月 19 日，上海医学遗传所培育出我国第一头转基因牛“滔滔”。滔滔出生时体重 38 千克，经 DNA 分析，它携带有人血清蛋白基因。这一成果证实，上海医学遗传所创立的这条转基因羊新技术路线同样适用于大家畜的转基因动物研制。2008 年 6 月，中国科学院昆明动物研究所培育出一雌一雄两只转基因猕猴。这标志着继美、日之后，我国成为全球第三个拥有非人灵长类转基因动物的国家。

1998 年 6 月 9 日，国家科技教育领导小组审议并原则通过《关于“知识创新工程”试点的汇报提纲》，批准中国科院开始实施知识创新工程。6 月 13 日，“知识创新工程”首 12 项试点工程启动，标志着我国科技体制改革进入新阶段。

1998 年 11 月 16 日，我国 20 世纪最大的水电站——二滩水电站 5 号机组实现并网发电，正式投入商业运行。这是 1998 年 8 月二滩水电站 6 号机组并网发电之后第二台单机容量为 55 万千瓦的机组实现发电，创造了我国水电史上单座电站年投产 110 万千瓦的新纪录。

1999

1999 年 5 月 23 日，国务院发布并实施《国家科学技术奖励条例》。该条例确定国家科学技术奖每年评审一次，设立五种奖项：国家最高科学技术奖、国家自然科学奖、国家技术发明奖、国家科学技术进步奖和中华人民共和国国际科学技术合作奖。2001 年 2 月 9 日，国家科学技术奖励大会在北京召开。国务院副总理李岚清宣读了《关于 2000 年度国家科学技术奖励的决定》，决定从 2000 年起设立国家最高科学技术奖，以国家名义对为科学技术发展作出杰出贡献的科学家给予最高荣誉奖励。获得 2000 年度国家最高科学技术奖的是吴文俊院士和袁隆平院士。

1999 年 9 月 18 日，中共中央、国务院、中央军委在人民大会堂隆重举行表彰为“
弹一星”作出突出贡献的科技专家大会。大会授予 23 位科技专家“两弹一星功
奖章”，他们分别是：于敏、王大珩、王希季、朱光亚、孙家栋、任新民、吴自良、
芳允、陈能宽、杨嘉墀、周光召、钱学森、屠守锷、黄纬禄、程开甲、彭桓武、王淦
邓稼先、赵九章、姚桐斌、钱骥、钱三强、郭永怀，其中后 7 位科技专家为追授。

①于　敏
②王大珩
③王希季
④朱光亚
⑤孙家栋
⑥任新民
⑦吴自良
⑧陈芳允
⑨陈能宽
⑩杨嘉墀
⑪周光召
⑫钱学森
⑬屠守锷
⑭黄纬禄
⑮程开甲
⑯彭桓武
⑰王淦昌
⑱邓稼先
⑲赵九章
⑳姚桐斌
㉑钱　骥
㉒钱三强
㉓郭永怀

							①	②	③
④	⑤	⑥	⑦	⑧	⑨	⑩	⑪	⑫	⑬
⑭	⑮	⑯	⑰	⑱	⑲	⑳	㉑	㉒	㉓

“神舟十一号”飞船发射

我国神舟系列飞船研究大致经历了非载人实验、载人飞行和建造空间站三个阶段。1999 年 11 月 20 日，“神舟一号”飞船顺利升空，经过 21 小时后返回地面。这是我国载人航天工程的首次飞行，标志着我国在载人航天飞行技术上的重大突破，是我国航天史上的重要里程碑。2003 年 10 月 15 日，我国第一艘载人飞船“神舟五号”成功发射，经过 21 小时 23 分的太空飞行后安全返回地面。航天员杨利伟成为第一位进入太空的中国人，这标志着我国已成为世界上继俄罗斯和美国之后第三个能够独立开展载人航天活动的国家。2011 年 11 月 1 日，“神舟八号”飞船发射升空。11 月 3 日，“神舟八号”与之前发射升空的“天宫一号”目标飞行器在距离地球 343 千米的轨道实现自动对接，为建设空间站迈出关键一步。组合运行 12 天后，“神舟八号”脱离“天宫一号”并再次与之进行交会对接试验，这标志着我国已经成功突破了空间交会对接及组合体运行等一系列关键技术。2011 年 11 月 16 日，“神舟八号”与“天宫一号”成功分离，第二天，返回舱顺利返回地面。2016 年 10 月 17 日，“神舟十一号”飞船发射升空，10 月 19 日与“天宫二号”成功对接。航天员景海鹏、陈冬进驻“天宫二号”，完成为期 30 天的中期驻留，这标志着我国载人航天工程取得了新的重大进展。

1999

1999

航天员杨利伟

1980—1989
1990—1999
2000—2009
2010—2019

2000

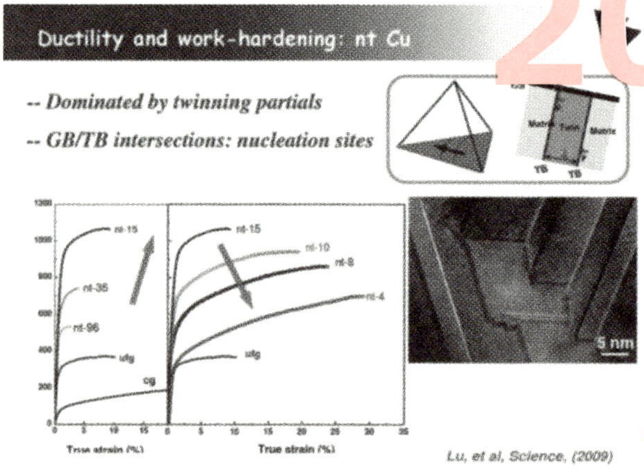

卢柯的研究成果展示

2000 年 2 月 25 日，中国科学院金属研究所卢柯领导的团队利用新的制工艺，合成出大量高密度、高纯度的纳米铜，晶体尺寸仅有 30 纳米，是规铜的几十万分之一。在进一步的冷轧实验中，他们观察到这种纳米金属料的奇异性能：纳米铜在室温下变形达 50 多倍也没有出现裂纹。它第一向人们展示了无空隙纳米材料是如何变形的，这种技术具有广阔的应用前景

000 年 10 月 31 日，我国自行研制的第一颗导航定位卫星“北斗导航试验卫星”在西昌星发射中心发射升空，并准确进入预定轨道。北斗导航系统是全天候、全天时提供卫星航信息的区域导航系统，主要为公路交通、铁路运输、海上作业等领域提供导航服务，我国国民经济建设将起到积极的推动作用。截至 2019 年 4 月 21 日，我国累计发射北导航卫星 48 颗。2020 年前后，北斗导航服务将覆盖全球。

我国以“一箭双星”方式成功发射第 33、34 颗北斗导航卫星

2002

2001 年底，我国建成世界上最大的种质资源库。中国农业科学院作物品种资源研究所等单位联合建成的国家作物种质资源库，保存种质资源数量居世界第一，现长期保存 150 余种作物、36 万份种质资源（2017 年数据），为作物育种和生产提供了雄厚的物质基础。

国家种质资源库外景

2001

克隆猴“中中”和“华华”

2002年1月18日至2月11日，中国科学院动物所与山东曹县五里墩中大动物胚胎工程中心合作完成的首批成年体细胞克隆牛群体在山东降生，在此期间，共有12头受体牛产犊14头，后存活5头。这是我国首次采用成年体细胞克隆技术成功获得克隆牛群体，标志着我国科研人员已完全掌握了世界一流的体细胞克隆牛技术，并为我国实现家畜克隆胚胎生产产业化奠定了基础。2017年11月27日、12月5日，中国科学院神经科学研究所研究员孙强率领的团队成功培育出两个体细胞克隆猴“中中”和“华华”。这是世界首例通过体细胞克隆技术诞生的灵长类动物，对于构建非人灵长类动物模型、研究人类疾病等具有重要意义。

2002

中国“黄土之父”刘东生

2002 年 4 月 12 日，国际著名古脊
动物学家、第四纪地质学家和环境地
学家刘东生院士获 “泰勒环境奖”，
为第一位获此殊荣的中国科学家。刘
生长期致力于中国黄土的研究，开辟
中国黄土与古全球变化研究领域，使
土成为全球性古环境记录的三种可靠
源之一。他还率先在我国开展环境地
调查，开辟了我国高山科学考察事业
也为我国多个第四纪环境地质研究机
的建立作出了杰出贡献。

《中华人民共和国科学技术普及法》

2002 年 6 月 29 日，第九届全国人民代表大会常务委员会第二十八次会议通过了《中华人民共和国科学技术普及法》。该法的颁布实施，标志着中国科普工作步入法制化轨道，对于加强科学技术普及工作，提高全民族的科学文化素质，推动经济发展和社会进步，具有重大的现实意义和深远的历史意义。2016 年 2 月 25 日，国务院印发《全民科学素质行动计划纲要实施方案（2016—2020 年）》。该方案确定了全民科学素质的目标：到 2020 年，科技教育、传播与普及长足发展，建成适应创新型国家建设需求的现代公民科学素质组织实施、基础设施、条件保障、监测评估等体系，公民科学素质建设的公共服务能力显著增强，公民具备科学素质的比例超过 10%。2016 年 5 月 30 日，全国科技创新大会、中国科学院第十八次院士大会和中国工程院第十三次院士大会、中国科学技术协会第九次全国代表大会在北京召开。会议强调，科技创新、科学普及是实现创新发展的两翼，要把科学普及放在与科技创新同等重要的位置。这是新时期科普工作的行动指南与历史使命。

全国科技创新大会、两院院士大会、中国科协第九次全国代表大会

蒋锡夔（中）与其团队在研究有机分子簇集和自由基化学

2002 年，有机分子簇集和自卷研究成果获国家自然科学奖一等奖。该成果对在分子水平上理解某些生命现象及设计治疗动脉粥样硬化疾病的药物具有重要的理论启示。这项自由基化学研究建立了当时国际上最完整、最可靠的反映取代基自旋离域能力的参数，被国际同行认为是里程碑式的工作。

上海磁悬浮列车

2002 年 12 月 31 日，世界上第一条商业化磁悬浮运营示范线在上海试运行成功。线路全长 30 千米，单程行驶 8 分钟，最高时速可达 430 千米。

2002

2004

《中国植物志》

2004 年 9 月，经过我国四代植物分类学家 41 年（1918—1959 年）的准备，45 年（1959—2004 年）的编纂，《中国植物志》出版。全书共 80 卷 126 册，收载了我国高等（维管束）植物 301 科 3408 属 31142 种，总计 5000 万字，9080 幅图版。它是一部全面总结我国近年来维管束植物系统分类研究成果的巨著，是我国高等植物资源的数据库。《中国植物志》获 2009 年国家自然科学一等奖。第四任主编吴征镒获 2007 年国家最高科学技术奖

植物分类学家在野外考察

1981 年，吴征镒（左）在苍山进行植物科学考察

2005

高性能炭 / 炭航空制动材料

2005 年 3 月 28 日，中南大学黄伯云院士及其创新团队因发明调控碳原子排列等系列新技术，制备出性能优异的炭 / 炭复合材料，获得国家技术发明奖一等奖。该新型材料的发明，解决了我国急需的高性能航空制动器用材，并为我国航天发动机提供了关键材料。这一新技术的产生，标志着我国在航空航天炭 / 炭复合材料领域迈入世界前沿，使我国成为继美、英、法之后第四个能生产高性能炭 / 炭航空制动材料的国家。

黄伯云展示先进材料的照片

潘建伟在实验室

2005 年 11 月，中国科学技术大学郭光灿团队在国际
首次解决了量子密钥分配过程的稳定性问题，经由实际
信光路实现了 125 千米单向量子密钥分配。这是当时
际公开报道的最长距离的实用光纤量子密码系统。201
年初，中国科学技术大学潘建伟团队建成了国际上首个
模化的城域量子通信网络，节点数达到 46 个，远远超
国际上已有的同类网络，标志着大容量的量子通信网
技术已经取得关键性的突破。同年 8 月 1 日，潘建伟
2012 年度国际量子通信奖。2016 年 8 月 16 日，我国
主研制的世界首颗量子科学实验卫星“墨子号”在酒泉
星发射中心成功发射。2017 年 8 月，“墨子号”圆满
成三大科学实验任务：量子纠缠分发、量子密钥分发、
子隐形传态。2018 年 1 月，潘建伟团队联合几家科研单位
利用“墨子号”量子科学实验卫星，在中国和奥地利之
首次实现距离达 7600 千米的洲际量子密钥分发。该成
标志着“墨子号”已具备实现洲际量子保密通信的能力

2005

“墨子号”量子科学实验卫星

2006 年 2 月 9 日，国务院发布《国家中长期科技发展规划纲要（2006—2020）》。该规划纲要确定了“自主创新、重点跨越、支撑发展、引领未来”的指导方针，提出了未来 15 年我国科技发展的总体目标。该规划纲要成为指导我国今后一段时期科学技术发展的重要文件。

2006 年 7 月 1 日，青藏铁路建成并实现全线通车试运营。青藏铁路东起西宁，南至拉萨，全长 1956 千米。其中格尔木至拉萨段全长 1142 千米，位于海拔 4000 米以上的地段 960 千米，经过连续多年冻土地段 550 千米，是世界上海拔最高、线路最长的高原冻土铁路。

2006

2006

2006 年 9 月 28 日，由我国自行设计、研制的世界上第一个全超导非圆截面托卡马克核聚变实验装置 (EAST) 进行了首轮物理放电实验并获得成果，表明世界上新一代超导托卡马克核聚变实验装置已在中国首先建成并正式投入运行。这是世界聚变能开发的重要里程碑。

全超导非圆截面托卡马克核聚变实验装置 (EAST)

2007 年 2 月 27 日，南京大学教授闵乃本将超晶格概念推广到介电材料，研制出周期、准周期和二维调制结构介电体超晶格。闵乃本深入研究了电磁波（光波、微波）与弹性波（超声波）在介电体超晶格中的传播、激发及其耦合效应，从新效应、新机制的理论预言到材料制备、实验验证、原型器件研制做了系统性的原创工作。

2007

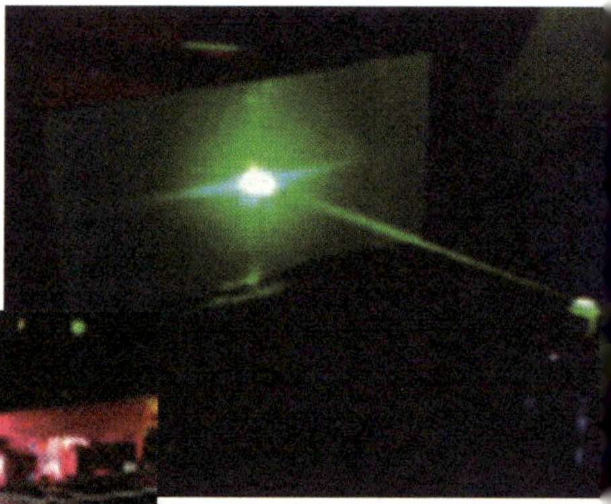

介电体超晶格材料

07 年 6 月 3 日，国务院印发《中国应对气变化国家方案》。该方案明确了至 2010 年国应对气候变化的具体目标、基本原则、重领域及其政策措施。这是中国第一部应对气变化的全面的政策性文件，也是发展中国家布的第一部应对气候变化的国家方案。

气候变暖导致冰川融化

嫦娥工程按计划分为“无人月球探测”“载人登月”“建立月球基地”三个阶段。我国探月工程计划实现“绕”“落”“回”三步走目标。2007 年 10 月 24 日，我国第一个空间探测器及月球探测器“嫦娥一号”绕月探测器被送入太空。2010 年 10 月 1 日，“嫦娥二号”探测器发射成功，它是“嫦娥三号”的先导星，验证了一部分关键技术，同时对预选降落区域进行了探测。2013 年 12 月 2 日，“嫦娥三号”发射升空。12 月 14 日，“嫦娥三号”在月面软着陆，这是我国航天器首次降落在地球以外的天体，实现了“落”的目标。2018 年 12 月 8 日，“嫦娥四号”发射升空。2019 年 1 月 3 日，“嫦娥四号”在月球背面成功软着陆，是人类首颗在月球背面软着陆的探测器。“嫦娥五号”预计将于 2019 年底发射，实现区域软着陆及采样返回。我国已经发射的从“嫦娥一号”到“嫦娥四号”探测器，以及即将发射的“嫦娥五号”探测器，都属于无人月球探测阶段成果。

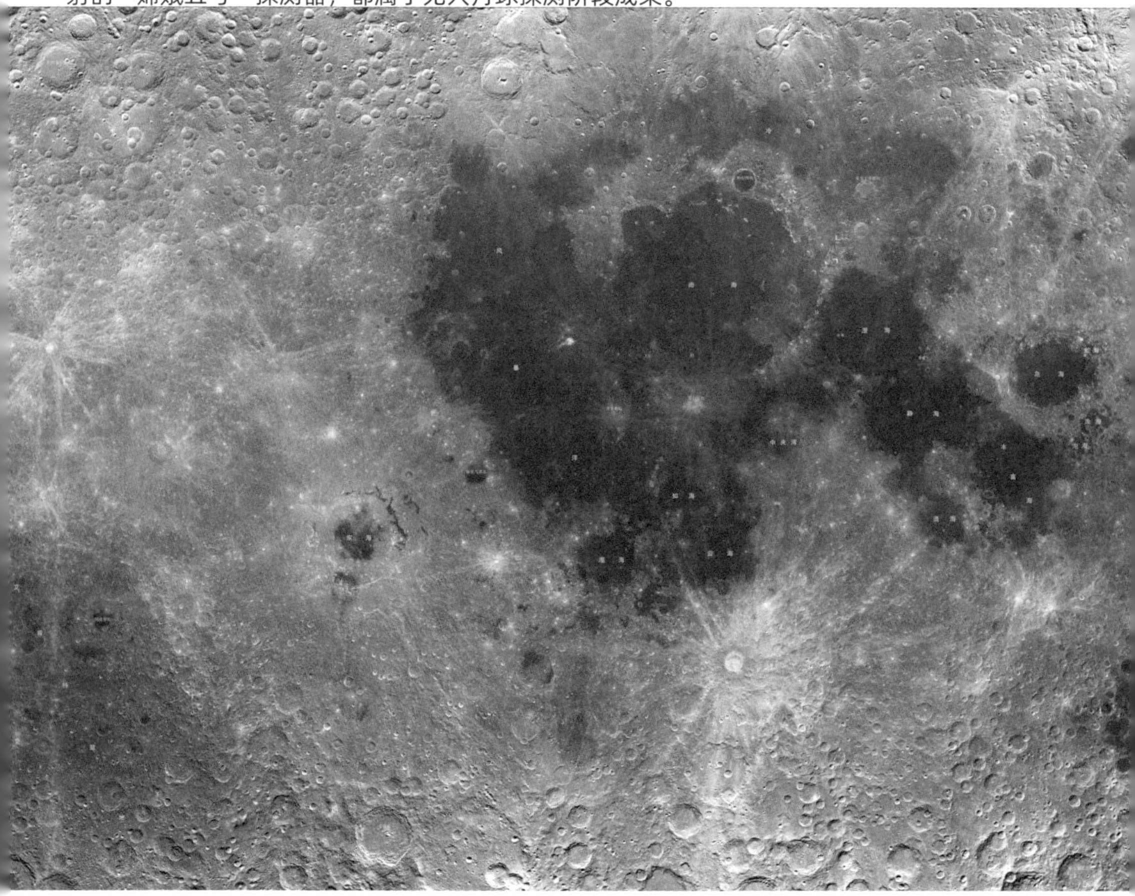

2007

“嫦娥四号”着陆器地形地貌相机环拍全景

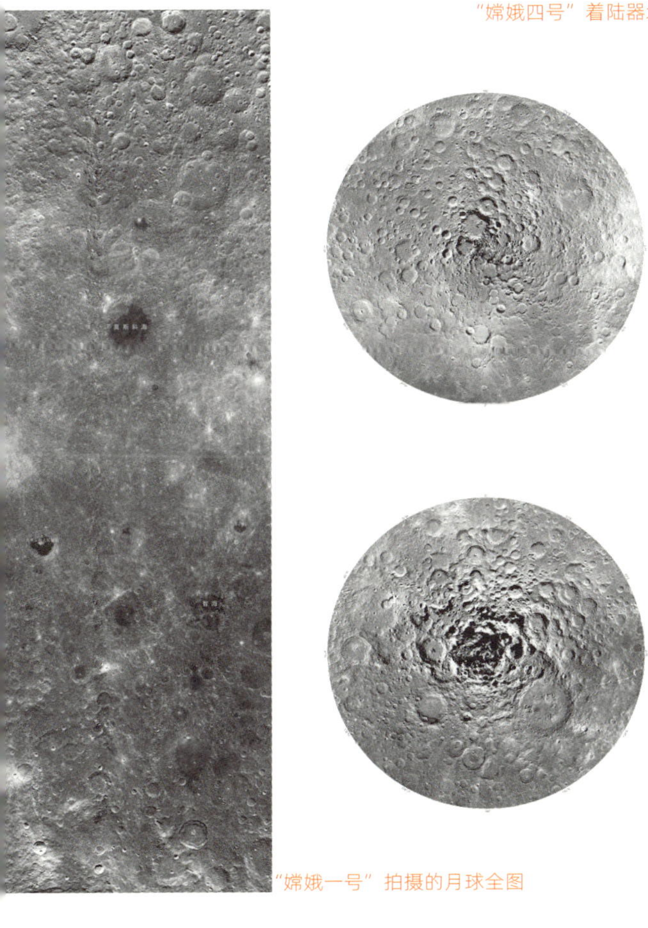

“嫦娥一号”拍摄的月球全图

2008

由昆明开往贵阳的高速列车经过贵州省境内的水桶木寨特大桥

2008 年 8 月 1 日，京津城际高速铁路开通运营，全长 120 千米，设计时速 350 千米。这是中国第一条具有自主知识产权、当时运营速度世界最快的高速铁路。2011 年 6 月 30 日，京沪高铁通车运营，线路全长 1318 千米。这是世界上一次建成线路最长、标准最高的高速铁路。2012 年 12 月 1 日，东北地区第一条高速铁路客运专线、世界上第一条穿越高寒地区的高速铁路——哈大高铁开通运营。线路全长 921 千米，设计时速 350 千米。2012 年 12 月 26 日，京广高铁全线贯通运营，全长 2298 千米，成为世界上干线最长的高速铁路。2014 年 12 月 26 日，横贯东西的现代“钢铁丝绸之路”——兰新高铁全线开通运营，线路全长 1777 千米，设计时速 250 千米。兰新高铁再次刷新高速铁路一次性建设里程世界最长纪录。2016 年 12 月 28 日，中国东西向铁路里程最长、经过省份最多的高速铁路——沪昆高铁全线开通，标志着我国早期规划的“四纵四横”高铁干线网基本成型。截至 2018 年底，中国高速铁路营业里程已达 2.9 万千米，占全世界高铁总里程的三分之二，成为世界上高铁里程最长、运输密度最高、成网运营场景最复杂的国家。

特高压 ±800 千伏直流输电工程

2009 年 1 月 6 日，晋东南—南阳—荆门 1000 千伏特高压交流试验示范工程正式投入运行。它是我国拥有完全自主知识产权的第一个特高压输变电工程，也是目前世界上运行的第一个投入商业运行的特高压工程，标志着中国在远距离、大容量、低损耗的特高压输电核心技术和设备国产化上取得重大突破。工程建成后，极大缓解了华中地区的缺电局面，成为我国南北方向的一条重要能源输送通道。特高压交流输电关键技术、成套设备及工程应用获得 2012 年国家科学技术进步奖特等奖。

2010 年 6—7 月，我国相继建成了云南—广东、向家坝—上海特高压 ±800 千伏直流输电示范工程。特高压 ±800 千伏直流输电技术是目前世界上电压等级最高、输送容量最大、送电距离最远、技术水平最先进的输电技术，是解决我国能源资源与电力负荷逆向分布问题、实施国家“西电东送”战略和电力跨区域大范围输送的核心技术。特高压 ±800 千伏直流输电工程获得 2017 年国家科学技术进步奖特等奖。

2009

特高压交流输电工程

2009

2009 年底，三峡工程除了批准缓建的
船机及后来新增的地下电站以外，全
完成了初步设计的建设任务，通过了
常蓄水 175 米水位验收。三峡枢纽具
了正常防洪运用条件，转入以运行为
的阶段，并全面发挥防洪、发电、航运
补水等综合效益。2012 年 7 月，新
的地下电站全部并网发电。2016 年 9 月
三峡升船机进入试
航阶段。三峡工程
世界上最大的水利
纽工程，创造了多
水利工程的世界纪录

三峡工程

1960—1969
1970—1979
1980—1989
1990—1999
2000—2009
2010—2019

2011 年，经过 40 余年攻坚克难，中国石化等单位成功开发出具有完整自主知识产权的高效环保芳烃成套技术，使我国成为世界上第三个掌握该项技术的国家。应用芳烃技术每年由对二甲苯生产的化学纤维可替代约 2.3 亿亩土地产出的棉花，具有显著的经济效益和社会效益。2016 年 1 月 8 日，高效环保芳烃成套技术获国家科学技术进步奖特等奖。

2011

高效环保芳烃成套技术

2011

甲醇制取低碳烯烃（DMTO）技术

2011 年 1 月起，甲醇制取低碳烯烃（DMTO）技术正式进入商业化运营阶段，我国率先实现甲醇制烯烃核心技术及工业应用“零的突破”。此技术是以煤替代石油为原料，经由甲醇生产乙烯、丙烯等基础化工品的成套技术，为连接煤化工与石油化工，实施石油替代战略，保障能源安全提供了重要的技术支持。

2011 年 1 月 12 日，大庆油田经过十多年持续攻关，形成了支撑大庆油田 4000 万吨以上持续稳产的新一代技术。运用该技术期间，大庆油田累计产油 6.8 亿吨，累计增油 5774 万吨，主体油田采收率突破 50%，比国内外同类油田高出 10%—15%，并带动了我国石油开采、化工、机械制造等行业领域的技术进步，取得了巨大的经济效益和社会效益。

大庆油田一角

2011

2012 年 2 月 14 日，青藏高原地质理论创新与找矿重大突破获国家科学技术进步奖特等奖。该项目实现了青藏高原空白区 1：250000 地质填图全覆盖，建立了“特提斯多岛弧盆系构造理论”“陆缘增生—大陆碰撞找矿理论”，研发了适合于青藏高原野外工作的成套技术，实现了找矿重大突破。

2012

2012 年 2 月 14 日，东南大学移动通信国家重点实验室尤肖虎教授及其团队因成功解决了新一代宽带移动通信容量逼近传输这一世界性难题，获得国家技术发明奖一等奖。其成果可以较好地实现 3G 之后移动通信传输速率升至百倍的目标。

尤肖虎在实验室

2012 年 3 月 8 日，大亚湾中微子实验发现了一种新的中微子振荡，并测量到其振荡几率。实验结果对粒子物理学研究具有重要意义。2016 年 11 月 9 日，王贻芳领导的大亚湾中微子实验团队获得“基础物理学突破奖”。这是中国科学家和以中国科学家为主的实验团队首次获得该奖项。

大亚湾中微子实验发现新振荡模式

2012

2012

深海载人潜水器"蛟龙号"

2012 年 6 月 3 日至 27 日，我国第一艘深海载人潜水器“蛟龙号”在马里亚纳海沟执行7000米级海试任务，6月24日与27日，下潜深度分别为7020米和7062米。“蛟龙号”载人深潜 7000 米的重大突破，标志着我国具备了载人到达全球 99.8% 以上海域深处进行作业的能力，体现了我国在深海技术领域的重大进步。

特大型超深高含硫气田

2013 年，特大型超深高含硫气田安全高效开发及工业化应用获国家科学技术进步奖特等奖。2003 年，中国石化在四川东北地区发现了迄今为止我国规模最大、丰度最高的特大型整装海相高含硫气田——普光气田。2005 年，中国石化启动了高含硫气田安全高效开发关键技术的研究，最终攻克了中国几代石油人努力探索的高含硫气田安全高效的开发技术，实现了普光气田的安全高效开发，使我国成为美国、加拿大、俄罗斯、法国之后掌握开发特大型超深高含硫气田核心技术的国家。

2013

2013 年 3 月 15 日，由清华大学薛其坤教授领衔，清华大学、中国科学院物理研究所联合组成的实验团队首次在实验中发现量子反常霍尔效应。该研究团队发现，在一种特殊的、磁性掺杂的拓扑绝缘体中，即使不加外磁场也可以观测到霍尔效应，这种零磁场中的霍尔效应就是反常霍尔效应。这是我国科学家从实验上独立观测到的一个重要物理现象，也是世界基础研究领域的一项重要科学发现。

2013 年 4 月 15 日，中、美、英、日、法、德六国发表了《六国政府首脑关于完成人类基因组序列图的联合声明》，宣告人类基因组计划圆满完成。我国自 1999 年参与该计划，共承担了其中 1% 的测序任务。

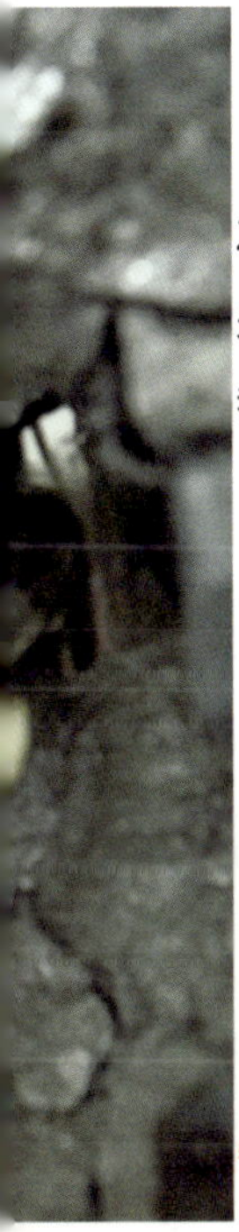

物理学家薛其坤

2014 年 1 月 7 日，40K 以上铁基高温超导体研究成果获国家自然科学奖一等奖。自 2006 年铁基超导体被发现之后，中国科学院物理研究所和中国科学技术大学组成的科研团队基于在高温超导领域的长期积累，做出了大量原创性工作，包括：突破麦克米兰极限（40K），确认铁基超导体为新一类高温超导体；合成系列铁基高温超导材料并确认为第二个高温超导家族，创造并保持铁基超导体临界温度最高纪录；基于若干基本物性的研究确认了铁基超导体的非常规性等。第一完成人赵忠贤获 2016 年国家最高科学技术奖。

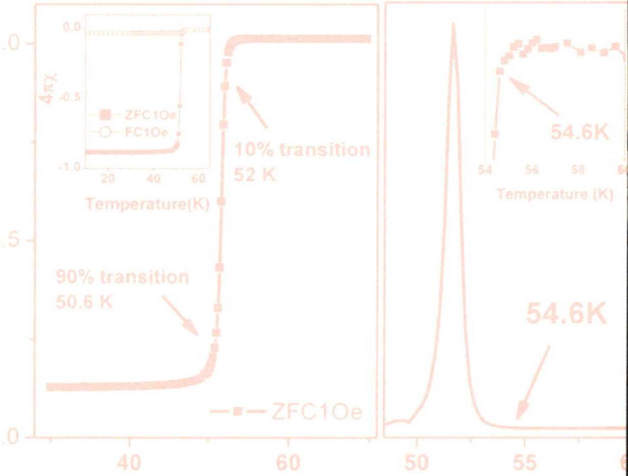

2014

40K 以上铁基高温超导体研究团队

KYKY

2016

《国家创新驱动发展战略纲要》

2016 年 1 月 18 日，中共中央、国务院印发《国家创新驱动发展战略纲要》。该纲要提出实施创新驱动发展战略三个阶段的目标，明确了未来 30 年创新驱动发展的目标、方向和重点任务，是新时期推进创新工作的纲领性文件，是建设创新型国家的行动指南。

“海斗号”无人潜水器

2016 年 6 月 22 日至 8 月 12 日，我国“探索一号”科考船在马里亚纳海域开展了我国海洋科技发展史上第一次综合性万米深渊科考活动。其中，我国自主研制的“海斗号”无人潜水器最大潜深达 10767 米并悬停 52 分钟，创造了我国无人潜水器的最大下潜及作业深度纪录。我国成为继日、美两国之后第三个拥有研制万米级无人潜水器能力的国家。

4G

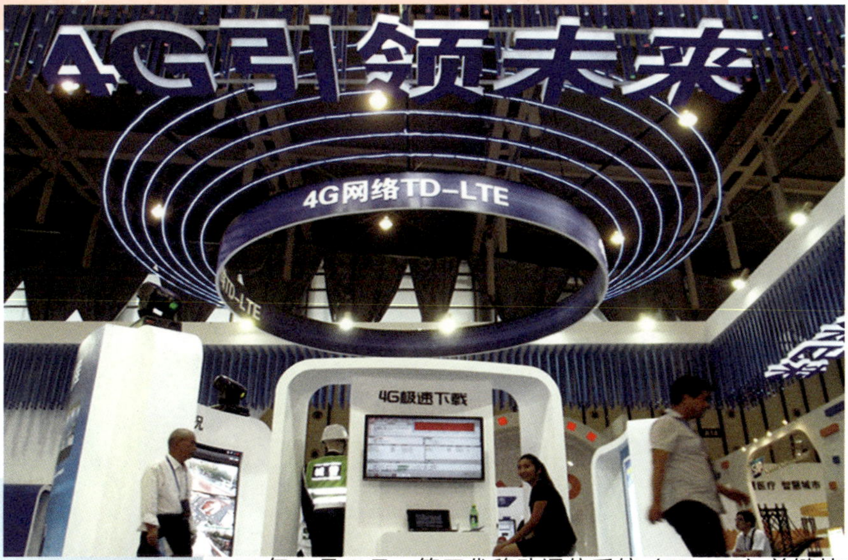

2017 年 1 月 9 日，第四代移动通信系统（TD-LTE）关键技术与应用获国家科学技术进步奖特等奖。我国主导的 TD-LTE 在与美国主导的 WiMAX 的全球 4G 产业竞争中胜出，成为全球两大主流 4G 标准之一。无线移动通信成为我国少数具有国际竞争力的高科技领域之一。

2017

第四代移动通信系统（TD-LTE）

2017

2017 年 4 月 19 日，瑞典国王将 2017 年维加奖颁发给中国科学院院士、中国科学院青藏高原研究所所长姚檀栋，以表彰其在青藏高原冰川和环境研究方面作出的杰出贡献。姚檀栋是该奖项设立 136 年以来首位获奖的中国科学家，也是获此殊荣的首位亚洲科学家。

C919
H1

2017 年 5 月 5 日，我国首款按照最新国际适航标准研制的干线民用飞机 C919 在上海浦东国际机场首飞成功，标志着我国大型客机项目取得重大突破，是我国民用航空工业发展的重要里程碑。

2017

国产大型客机 C919

李家洋在沭阳万亩示范基地考察

2018 年 1 月 8 日，水稻高产优质性状形成的分子机理及品种设计获国家自然科学奖一等奖。中国科学院遗传与发育生物学研究所李家洋团队围绕“水稻理想株型与品质形成的分子机理”这一核心科学问题，鉴定、创制和利用水稻资源，创建了直接利用自然品种材料进行复杂性状遗传解析的新方法；揭示了影响水稻产量的理想株型的分子基础，发现了理想株型形成的关键基因；阐明了稻米食用品质精细调控网络，用于指导优质稻米品种培育；示范了高产优质为基础的设计育种，攻克了水稻高产优质协同改良的科学难题；引领了水稻遗传学的发展。

2018

丰收的水稻

2018

2018 年 1 月 8 日，香港科技大学唐本忠的“聚集诱导发光”（AIE）研究成果获国家自然科学奖一等奖。唐本忠团队于 2001 年发现了“聚集诱导发光”现象。此后，唐本忠团队制备了 AIE 分子体系，完善和丰富了 AIE 的理论，开发了 AIE 分子的高新技术应用。发光材料领域的一扇全新大门轰然打开。

2018 年 1 月 8 日，燃煤机组超低排放关键技术路线与应用获国家技术发明奖一等奖。浙江大学能源清洁利用国家重点实验室高翔团队通过对发电厂燃煤机组排放多种污染物的高效治理，实现了主要致霾污染物的超低排放。超低排放技术解决了复杂煤质和复杂工况下烟气多污染物超低排放难题，让燃煤变得更加清洁。该成果还提升了燃煤污染治理技术和装备水平，推动和支撑了国家超低排放战略实施。

燃煤机组超低排放关键技术路线

贾振元（中）与团队成员

2018 年 1 月 8 日，高性能碳纤维复合材料构件高质高效加工技术与装备获国家技术发明奖一等奖。大连理工大学贾振元团队揭示了碳纤维复合材料加工去除机理和加工损伤产生机制，提出了针对碳纤维复合材料加工的切削理论体系，实现了切削理论的源头创新，使碳纤维复合材料加工损伤由厘米量级减至 0.1 毫米以内，达到国际先进水平。

2018

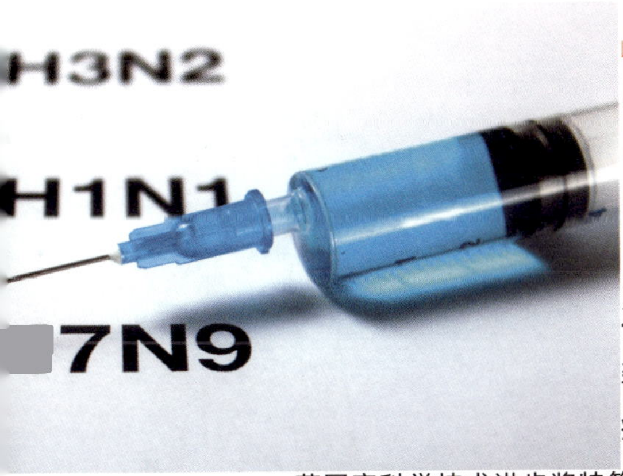

以防控人感染 H7N9 禽流感疫苗

2018 年 1 月 8 日，“以防控人感染 H7N9 禽流感为代表的新发传染病防治体系重大创新和技术突破”获国家科学技术进步奖特等奖。2013 年春，长三角地区突发人感染 H7N9 禽流感病毒疫情。浙江大学医学院附属第一医院等单位快速行动，在发现新病原、确认感染源、明确发病机制、开展临床救治、研发新型疫苗和诊断技术等方面取得了六项重大创新和技术突破，成功防控了人感染 H7N9 禽流感病毒疫情。

自然资源部中国地质调查局
松辽盆地科学钻探

2018 年 5 月 26 日，松科二井胜利完井。松科二井于 2014 年 4 月 13 日开钻，历时 4 年多时间，完钻井深 7018 米，成为亚洲国家实施的最深大陆科学钻井和国际大陆科学钻探计划（ICDP）成立 22 年来实施的最深钻井，也是全球首个钻穿白垩系陆相地层的科学钻探井。该成果总体达到国际先进水平，在深部钻探技术和白垩纪陆相古气候研究方面达到国际领先水平。

2018

松科二井“地壳一号”万米钻机

港珠澳大桥

2018

2018 年 10 月 24 日，港珠澳大桥正式通车运营。一桥飞架粤港澳，天堑变通途。港珠澳大桥从开工到通车历时 9 年，全长 55 千米，是我国里程最长、投资最多、施工难度最大的跨海桥梁项目。大桥的通车，对提升珠江三角洲地区的综合竞争力，保持港澳地区的长期繁荣稳定，建设粤港澳大湾区具有重要的意义。

图书在版编目（C I P）数据

足印 · 成就 ： 共和国科技70年 ／ 《足印·成就 ：
共和国科技70年》编委会编. －－ 杭州 ： 浙江教育出版社，
2019.10
ISBN 978-7-5536-9502-0

Ⅰ. ①足… Ⅱ. ①足… Ⅲ. ①科学发展 － 成就 － 中国
Ⅳ. ①G322

中国版本图书馆CIP数据核字(2019)第203832号

足印·成就——共和国科技70年

《足印·成就——共和国科技70年》编委会 编

责任编辑：江　雷　刘晋苏
美术编辑：韩　波
责任校对：王凤珠
责任印务：沈久凌
出版发行：浙江教育出版社（杭州市天目山路 40 号　邮编：310013）
装帧设计：顾　页
图文制作：融象设计工作室
印刷装订：浙江海虹彩色印务有限公司
开　　本：720 mm×1020 mm　1/16
印　　张：11.5
字　　数：230 000
版　　次：2019 年 10 月第 1 版
印　　次：2019 年 10 月第 1 次印刷
标准书号：ISBN 978-7-5536-9502-0
定　　价：99.00 元
联系电话：0571-85170300-80928
网　　址：www.zjeph.com